Début d'une série de documents
en couleur

ADÉMIE DES SCIENCES ET LETTRES DE MONTPELLIER

MÉMOIRES

DE LA SECTION DES SCIENCES

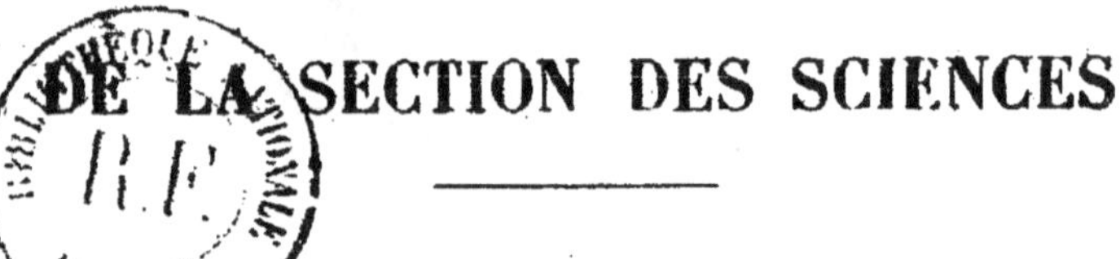

MÉTHODE DE TITRAGE DES QUINQUINAS

Par le Capitaine L. AZÉMA

PROCÈS-VERBAUX

DE LA SECTION DES SCIENCES POUR 1893

2e SÉRIE. — TOME PREMIER.

Nº 4.

(dernier fascicule du Tome I)

MONTPELLIER

CHARLES BOEHM, IMPRIMEUR DE L'ACADÉMIE, RUE D'ALGER, 10

1894

PRIX DES MÉMOIRES

DE

L'ACADÉMIE DES SCIENCES ET LETTRES DE MONTPELLIER

1re série, in-4°, de 1847 à 1892

SECTION DES SCIENCES

Fin d'une série de documents
en couleur

MÉTHODE DE TITRAGE DES QUINQUINAS

Par le Capitaine L. AZÉMA

Inconvénients des procédés en usage.— Les procédés employés pour le titrage des écorces de quinquinas sont nombreux à cause de l'importance du trafic de cette précieuse denrée pharmaceutique et en raison des différences constatées dans les résultats obtenus par les diverses méthodes de dosage.

En somme, ces procédés se résument à traiter l'écorce, réduite en poudre, par l'acide sulfurique ou chlorhydrique suffisamment dilué et à neutraliser, ensuite, l'acide par une base énergique, la chaux par exemple.

Dans la première opération, l'acide s'est combiné avec les alcaloïdes du quinquina pour former un sel soluble.

Dans la seconde, la base neutralise la totalité de l'acide, et les alcaloïdes sont remis en liberté. Il ne reste plus, après dessiccation de la matière, qu'à isoler les alcaloïdes par le chloroforme ou l'éther et à les peser par la balance ou les mesurer par des liqueurs titrées.

Cette méthode générale présente les inconvénients suivants :

1° Emploi d'une quantité notable d'écorce (30 gram. environ) en raison des pertes occasionnées par les difficultés d'épuisement.

2° Dissolution par l'acide chlorhydrique d'une grande quantité de matière colorante rouge qui rend très longue la séparation, par le filtre, de la solution acide d'avec le ligneux.

Cette difficulté a fait abandonner, aujourd'hui, le traitement préalable de l'écorce par l'acide. On se borne à mélanger directement la poudre d'écorce avec de la chaux délitée et à dessécher, à l'étuve à 100°, le mélange quino-calcaire.

La chaux est une base suffisamment énergique pour remplacer

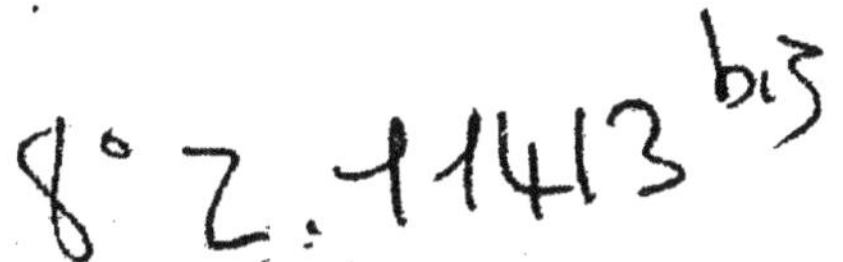

les alcaloïdes dans leurs combinaisons avec les acides végétaux et les mettre en liberté.

3° Difficulté d'épuisement du mélange quino-calcaire par le chloroforme ou l'éther.

4° Recherche du poids des alcaloïdes peu certaine, en raison des altérations que subissent ces matières en perdant leur eau de combinaison.

5° Absence de contrôle dans les opérations.

Avantages des modifications apportées à la méthode générale. — Les modifications proposées n'ont pas pour objet de changer la méthode générale, mais bien de perfectionner quelques opérations de détail et notamment le procédé d'épuisement du mélange quino-calcaire par le chloroforme ou l'éther.

Les avantages du perfectionnement sont :

1° Emploi pour l'essai d'une minime quantité de poudre d'écorce (2 ou 5 gram. environ).

2° Economie de temps.

3° Contrôle des opérations.

MANUEL OPÉRATOIRE.

Echantillon moyen. — Prélever des fragments d'écorce sur l'ensemble du lot soumis à l'analyse, les broyer au mortier et les passer au tamis fin.

Mélange quino-calcaire. — Prendre $2^{gr},5$ de cette poudre de quinquina, y ajouter $1^{gr},25$ de chaux, récemment délitée, et avec de l'eau faire une pâte très homogène, qui est desséchée à l'étuve à $100°$. Il importe que la dessiccation soit complète.

Epuisement par le chloroforme. — L'appareil employé pour l'épuisement du mélange quino-calcaire se compose d'un récipient à siphon comprenant un tube récipient A, mesurant environ 2 centim. de diamètre sur 8 centim. de longueur et un tube siphon a, de 5 millim. de diamètre, soudé à la partie inférieure du premier.

L'appareil est suspendu à l'intérieur d'un flacon à large goulot par deux crochets adaptés au bouchon.

Ce dernier est traversé par un tube *b* s'adaptant à un réfrigérent Liebig renversé *R*. (Éviter l'emploi du caoutchouc dans les ajutages.)

Le mélange quino-calcaire à épuiser est placé dans le tube récipient entre deux forts tampons en coton cardé.

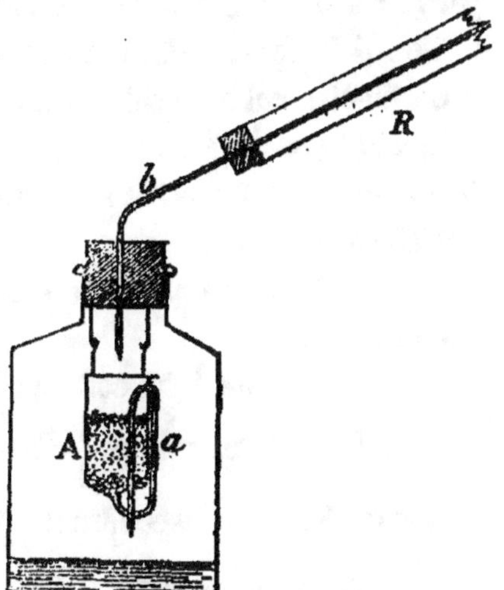

Pour opérer, mettre 20 cent. cubes de chloroforme très pur dans le grand flacon et placer ce dernier dans un bain-marie. Dès que le chloroforme entre en ébullition, les vapeurs pénétrent dans le réfrigérent Liebig, s'y condensent et retombent à l'état liquide sur le mélange quino-calcaire qui est rapidement imbibé. Le récipient se remplit peu à peu et, lorsque le liquide atteint le niveau de la branche supérieure du siphon, celui-ci s'allume et coule sans interruption jusqu'à la fin de l'opération.

L'épuisement ayant lieu à chaud est rapidement effectué, une heure suffit ; lorsqu'on juge l'opération terminée, on rétablit le réfrigérent Liebig dans sa position normale, et l'on expulse le chloroforme du grand flacon.

Ce résultat obtenu, démonter l'appareil et retirer le récipient à siphon du flacon. Au fond de celui-ci adhère une matière résinoïde renfermant la totalité des alcaloïdes et une résine acide insoluble.

Détermination des alcaloïdes par les liqueurs titrées. — Pour séparer les alcaloïdes de la résine, verser dans le flacon un centimètre cube de liqueur titrée normale d'acide sulfurique et un peu d'eau distillée, agiter, filtrer et laver avec soin.

Une partie de l'acide sulfurique est entrée en combinaison avec les alcaloïdes pour former des sels neutres ; en recherchant, en présence du tournesol et au moyen d'une liqueur titrée de potasse au 1/10, la quantité d'acide sulfurique absorbée, on en déduira, par le calcul, le poids des alcaloïdes.

Soit A le nombre de centimètres cubes de potasse absorbés par 1 centimètre cube d'acide sulfurique de titre t.

Soit B le nombre de centimètres cubes de potasse absorbés par la même quantité d'acide sulfurique après sa combinaison avec les alcaloïdes.

$A - B = a$ représente la quantité de potasse remplacée par les alcaloïdes.

Donc, si à A de KOH correspond t de SO^4H^2,

à 1 de KOH correspondra $\dfrac{t}{A}$ de SO^4H^3.

et à a de KOH correspondront $\dfrac{t \times a}{A}$ de SO^4H^2.

Or, nous savons que :

$1^{gr},512$ de SO^4H^3 se combine à 10 gram. d'alcaloïdes ;

Donc, 1 gram. de SO^4H^3 se combinera à $\dfrac{10}{1.512}$

et $\dfrac{t \times a}{A}$ de SO^4H^3 se combineront à $\dfrac{10 \times \dfrac{t \times a}{A}}{1.512}$

ou, en développant les opérations, à $\dfrac{10 \times t \times a}{A \times 1.512}$.

Cette formule nous donne la quantité d'alcaloïdes contenue dans $2^{gr},5$ d'écorce. En employant des liqueurs normales d'acide sulfurique et de potasse, la formule se réduit à $\dfrac{49 \times a}{1.512}$.

Recherche de la quinine. — La liqueur neutralisée par la potasse, obtenue dans l'opération précédente, est évaporée en grande partie, acidifiée et filtrée (laver avec très peu d'eau). Puis, on précipite les alcaloïdes par un léger excès d'ammoniaque, et l'on jette sur un filtre : laver le filtratum avec de l'eau ammoniacale et le laisser sécher à l'air ou sur de l'acide sulfurique.

Le précipité étant desséché, le reprendre par de l'éther, qui dissout seulement la quinine ; filtrer, évaporer l'éther et dissoudre le résidu dans un centimètre cube de liqueur titrée normale d'acide sulfurique. En neutralisant par la liqueur décime de potasse et en appliquant la formule précédente, on obtient la quantité de quinine contenue dans $2^{gr},5$ d'écorce.

On peut, comme contrôle, obtenir directement la quinine en traitant par de l'éther très pur une nouvelle quantité de mélange quino-calcaire dans l'appareil à épuisement. Les opérations sont les mêmes que pour la détermination des alcaloïdes.

Réduction de la quinine en sulfate. — La transformation de la quinine en sulfate se réduit à poser une proportion, sachant que 324 de quinine correspond à 456 de sulfate basique.

APPLICATION.

En expérimentant sur un échantillon de quinquina les différentes méthodes que nous venons de rapporter, nous avons trouvé :

— Recherche directe des alcaloïdes par le chloro-forme . . . . 3,08 °/°

— Recherche directe de la quinine par l'éther . . . . . 1,52 »

— Recherche de la quinine en opérant sur le résidu de la première opération . . . . 1,31 »

Mende, le 10 juin 1893.

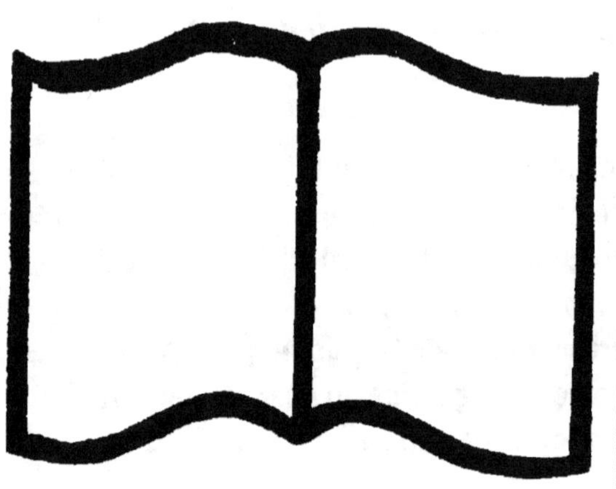

PAGE(S) VIERGE(S)

PROCÈS-VERBAUX

DE LA SECTION DES SCIENCES POUR 1893

Séance du 9 janvier 1893.

M. Valéry-Mayet fait une communication sur la réapparition des sangliers et des chevreuils dans les montagnes de l'Hérault.

Séance du 13 février 1893.

M. Meslin parle sur les franges d'interférences rigoureusement achromatiques. Il a d'abord obtenu des franges circulaires en éclairant un réseau circulaire à l'aide d'un trou très petit.

Ces franges, qui se comportent comme l'ombre des traits, sont produites par l'interférence des deux spectres de diffraction du premier ordre (diffractés vers la droite et vers la gauche). Les réseaux rectilignes, éclairés par une fente, peuvent présenter les mêmes phénomènes.

En étudiant au microscope ces franges au voisinage du réseau, on voit naître des colorations alternées très brillantes, dont la théorie précédente convenablement généralisée peut rendre compte. M. Meslin a photographié ces franges dans le corps même du microscope, et obtenu de petits clichés de 1 centim. de côté qu'il fait passer sous les yeux de l'Académie ; ces plaques rendues ortho-chromatiques représentent les alternances en question. Enfin, dans la troisième partie, M. Meslin applique les résultats précédents à l'explication des franges «dites de l'ouverture» dans le cas des réseaux parallèles. Le phénomène résulte de la superposition de phénomènes identiques provenant de chaque fente du premier réseau; la netteté étant néanmoins conservée grâce à la corrélation des périodes des deux réseaux.

M. Meslin parle ensuite sur l'équation de van der Waals, et donne une démonstration nouvelle du théorème des états correspondants.

Séance du 13 mars 1893.

M. Houdaille, en son nom et au nom de M. Semichon, expose un ensemble de recherches sur la perméabilité et l'état de division des sols.

Séance du 17 avril 1893.

M. Meslin fait une communication sur de nouvelles franges d'interférences, et demande la place nécessaire pour publier le mémoire dans les volumes de l'Académie.

M. Delage rend compte d'une excursion que M. Dautheville et lui ont faite récemment à Saint-Pons, et au cours de laquelle ils ont exploré la grotte d'où sort le Jaur.

Beaucoup de personnes la considèrent comme étant la source de cette rivière; d'autres, mieux avisées, n'y voient qu'un simple passage, le Jaur venant de plus loin et se confondant très probablement avec un ruisseau qui, en amont, coule dans la même direction, et vient se perdre sous terre à quelque distance de la grotte. A sa sortie de celle-ci, le Jaur, par son allure, son courant, son débit, se montre non comme une rivière naissante, mais comme une rivière toute faite.

M. Delage fait ensuite la description de la grotte au point de vue pittoresque.

Au point de vue scientifique, la grotte est moins importante, mais cependant point dénuée d'intérêt ; elle est entièrement creusée dans une masse de marbre cipolin, subordonnée à des schistes fibreux, qui, selon toute apparence, appartiennent au dévonien inférieur. Des fouilles pratiquées sous la direction de MM. Bourguet et Gayraud ont amené la découverte de quelques objets et des vestiges d'anciens travaux d'aménagement, le tout permettant de reconstituer l'histoire de la grotte considérée non pas comme lieu d'habitation, puisqu'elle semble avoir été toujours inondée, mais comme lieu de refuge temporaire. Les objets recueillis consistent en silex taillés, en fragments de poteries et en ossements.

Les silex, tous de types moustérien (second âge de la période paléolithique), sont au nombre de trois ou quatre seulement, dont un, râcloir ou grattoir, est fort beau. Les poteries, quoique rencontrées sur un même point, au milieu d'un ancien foyer avec cendres et fragments de charbon, semblent ou bien remonter à des époques différentes, ou bien avoir été fabriquées par des artistes de talent différent. Toutes paraissent avoir été fortement desséchées, plutôt que soumises à une cuisson véritable, car la pâte ne présente aucune trace de vitrification, comme il s'en produit dans nos fours actuels. Parmi les fragments, les uns se rapportent à des ouvrages grossiers, sans ornements ou ornés à coup de pouce, les autres sont à pâte fine et proviennent d'ustensiles bien modelés.

Les ossements, peu nombreux, accusent la présence de l'homme et de quelques animaux domestiques, notamment du mouton, ou de la chèvre, du bœuf, du porc ou sanglier et du chien. Tous ont été trouvés sur un même point, à une assez grande distance du gisement des poteries, et dans l'épaisseur d'un plancher stalagmitique, qui ne recouvre pas entièrement le sol de la chambre, où il s'est développé, mais qui sert plutôt de soubassement à une énorme stalagmite appuyée contre un des murs de la salle. Ce plancher stalagmitique consiste en un travertin blanc, poreux et friable, qui peut avoir été rapidement déposé par les eaux très calcarifères qui suintent de la grotte. Il repose sur une épaisse couche de limon brunâtre et est recouvert par une très mince couche d'un limon analogue.

Il n'a encore été trouvé aucun débris des grands animaux quaternaires (ours, hyène, lion, mammouth), pourtant si communs dans d'autres grottes du département. De même, on n'a recueilli, jusqu'à présent, aucun outil ou ustensile en os ou en ivoire, mais on fera extraire de divers points de la grotte une certaine quantité de limon, qui, préalablement desséché et concassé, sera passé au tamis, seul moyen pratique de retrouver les petits objets de l'industrie humaine.

Quant aux anciens travaux d'aménagement constatés dans la grotte, ils consistent en entailles régulièrement espacées, faites dans certains couloirs, dans le roc, et destinées certainement à recevoir des poutres, lesquelles devaient supporter un plancher.

Tout cela, pour franchir plus aisément les passages difficiles, ou pour se préserver de l'humidité du sol.

Enfin, on a constaté l'existence d'un escalier taillé également dans le roc, et passant par une de ces cavités tubulaires et presque verticales qui font communiquer entre eux les étages. Il y a lieu d'ajouter que certains de ces trous tubulaires paraissent monter jusqu'au jour, et avoir été des entrées de souterrain. Or, sur la colline, juste au-dessus de la grotte, a existé jadis un château fort, dont une tour subsiste encore. A ce château, d'après la légende, aurait été annexée une vaste construction que l'on croit avoir été un couvent ; tout cela, château fort, couvent moyen âge, éveille l'idée de souterrains et d'oubliettes. La grotte du Jaur n'en aurait-elle point fait office ?

M. DELAGE, au nom de MM. de Rouville et Bousquet, et au sien, annonce la découverte, remontant déjà à deux ans, d'un très important gisement du *terrain cambrien*, à Vélieux, arrondissement de Saint-Pons. Depuis sa découverte, ce gisement a été, de la part des auteurs, l objet d'une étude approfondie.

Les limites, jusqu'ici relevées de son affleurement, montrent qu'il fait partie d'une longue et épaisse bande dirigée sensiblement Est-Ouest, et constituée par un puissant ensemble de roches, dont quelques unes n'ont pas encore été citées comme entrant dans la composition du cambrien de l'Hérault. Les fouilles pratiquées dans le gisement ont amené la découverte d'un grand nombre de fossiles primordiaux, parmi lesquels la plupart des formes déjà connues et d'autres très probablement nouvelles.

L'étude de ce gisement continue ; les résultats seront réunis dans un mémoire qui sera présenté à l'Académie. La présente communication est une prise de date.

MM. DELAGE et DE ROUVILLE présentent à la section un grand panorama photographique du Saint-Loup, et une carte géologique détaillée, au $\frac{1}{40.000}$ de la région du même nom.

M. DE FORCRAND rend compte de ces dernières recherches sur les dérivés métalliques du phénol. Il montre que, par évaporation lente à froid de mélanges de dissolutions aqueuses ou alcooliques de phénol et de bases solubles, on obtient divers phénates de potasse et de soude hydratés. Il indique comment l'étude thermique de ces composés fait voir que ce ne sont pas des combinaisons d'addition du phénol avec les bases, comme on le pensait, mais de véritables phénols potassé ou sodé, à différents degrés d'hydratation.

M. DE FORCRAND parle ensuite des phénols potassés à excès de phénol qu'on obtient par dissolution directe des métaux dans le phénol.

Leur composition n'était pas établie et ne pouvait l'être par les procédés ordinaires.

L'emploi de la méthode thermique a démontré que le phénol potassé s'unissait à trois molécules de phénol, tandis que le phénol sodé donne deux combinaisons à trois et à six molécules de phénol.

Séance du 9 mai 1893.

M. Crova présente un mémoire sur le bolomètre.

M. Foëx, à propos des travaux d'hybridation poursuivis à l'Ecole d'Agriculture depuis 1875 entre diverses espèces du genre vitis, présente à la section quelques observations sur les résultats auxquels elles ont donné lieu. On pensait autrefois qu'il était impossible d'obtenir des produits féconds à la suite du croisement de deux espèces du même genre, et M. Planchon lui a, à plusieurs reprises, manifesté son étonnement que bon nombre des hybrides obtenus de la sorte entre des vignes pussent fructifier régulièrement. M. Foëx pense que la chose est moins surprenante qu'elle ne le paraît à première vue.

La famille des Ampélidées offre en effet une grande plasticité, ses formes se modifient avec une grande facilité sous l'influence des milieux ; le Dr Welwich, qui a étudié la flore de l'Angola, a trouvé près de la côte très chaude et très sèche des *cissus*, *c. macropus*, et *c. baïnesii* formés par de gros tubercules en forme de navet, d'où sortent, à la saison des pluies, des tiges qui fleurissent et fructifient en deux mois, puis disparaissent à la saison sèche. Plus haut et plus loin de la côte, dans une région un peu moins sèche, les ampélidées étaient buissonnantes, enfin dans les hautes montagnes où il pleut elles reprenaient la forme élancée et grimpante que nous leur connaissons en Europe. En Chine et au Japon plusieurs espèces diverses et certaines formes de notre *Vitis Vinifera* sont caractérisées par la présence d'aiguillons ou de poils épineux sur leurs rameaux (*V. Davidi, V. Romaneti, Yeddo* de la collection Pulliat et *vigne de Chine* du Jardin d'Acclimatation, toutes deux *V. Vinifera*).

Cette facilité de variation des formes suivant les milieux est un indice de la prépondérance des caractères adaptationnels sur les caractères phylétiques chez les ampélidées, et elle permet de comprendre comment des espèces en apparence très éloignées, si on les juge au point de vue de leurs formes extérieures, peuvent en réalité avoir des origines communes très rapprochées et par suite de grandes affinités. Pour le démontrer plus complètement, M. Foëx dit qu'il a obtenu à l'Ecole d'Agriculture un hybride entre *Ampelopsis* et *Vitis*, sans doute chétif et infécond, mais pour la production duquel on a dépassé les limites du genre que l'on croyait infranchissables.

Séance du 12 *juin* 1893.

M. Etienne DE ROUVILLE fait une communication sur quelques points de l'histologie de l'intestin des crustacés décapodes de la région de Cette. Il a découvert :

1° Un riche tissu glandulaire dans la portion renflée terminale de l'intestin de l'*Eupagurus striatus* ;

2° Un tissu glandulaire dans l'intestin du *Paguristes meticulosus* ;

3° Ce même tissu dans la région intermédiaire entre l'intestin moyen et l'intestin terminal chez le *Scyllarus arctus* ;

4° Une glande péri-intestinale chez le *Diogenes varians* ;

5° Il a enfin observé, chez le *Scyllarus arctus*, l'homologue de la *valvule pylorique dorsale* de l'Astacus. L'étude morphologique de cet organe l'engage à lui attribuer le rôle qui lui serait, d'après M. CUÉNOT, dévolu chez l'Astacus fluviatilis (*var. nobilis*) : ce ne serait pas à une valvule qu'on aurait affaire dans ces deux exemples, mais à un véritable entonnoir comparable à celui décrit par SCHNEIDER chez beaucoup d'insectes.

M. H. BERTIN-SANS a étudié chez des animaux de différentes espèces les variations que subissent, sous l'influence de l'âge, l'indice et les rayons de courbure du cristallin Voici les conclusions de ses recherches :

1° L'indice total du cristallin croît avec l'âge, comme l'avait déjà avancé Womow, d'après les résultats de quatre déterminations qu'il avait pu effectuer chez l'homme. Cet accroissement d'indice entraînerait forcément un rapprochement du proximum et du remotum, si d'autres causes n'intervenaient pour modifier son action.

2° Les rayons de courbure des deux faces du cristallin accommodé pour le remotum augmentent progressivement avec l'âge. Cette augmentation aurait précisément pour conséquence, si elle était seule à se produire, un recul progressif du remotum.

Ces conclusions peuvent s'étendre à l'homme.

On sait que le proximum s'éloigne de l'œil dès l'enfance ; le mécanisme bien connu que l'on invoque pour expliquer ce recul suffit encore à en rendre compte, malgré l'augmentation d'indice du cristallin. Quant au remotum, on admet qu'il reste stationnaire jusqu'à 50 ans environ. Cette fixité peut très bien s'expliquer grâce à l'action antagoniste des modifications que subissent simultanément l'indice et les rayons de courbure du cristallin.

M. ASTRE présente un mémoire de M. Azéma sur une méthode de titrage des quinquinas. Ce mémoire paraîtra en 1894 dans un des volumes de l'Académie.

Séance du 10 juillet 1893.

MM. HOUDAILLE et SEMICHON envoient leur mémoire sur la perméabilité et l'état de division des sols.

M. DELAGE, au nom de M. DE ROUVILLE et au sien, fait une communication sur des mammifères quaternaires, découverts dans une des nombreuses cavités du rocher de l'Estavel, à Cabrières (Hérault). Les ossements recueillis là, dans un espace très restreint, représentent au moins l'ours, l'hyène (?), le loup, le renard, le sanglier, le cheval, le bœuf, un grand cerf, le mouton ou la chèvre et le lièvre. Ces animaux ont été trouvés dans une couche de sable blanc jaunâtre rempli de grumeaux de travertin et recouvert par un plancher stalagmitique de 12 à 15 centim. d'épaisseur. Au-dessus de ce plancher était une autre couche de sable, mélangé de terre noirâtre et recélant les restes de l'homme et de son industrie, c'est-à-dire des ossements, notamment des fragments de crâne, des silex de type moustérien très pur et quelques os grossièrement travaillés.

On sait que le rocher de l'Estavel est une masse énorme de travertin, qui a été déposée, un peu au-dessus du niveau du lit de la Boyne, sur le flanc du Caragnas, massif calcaréo-schisteux représentant le Dévonien inférieur. La source calcarifère qui a déposé ce travertin coule encore, mais elle est devenue très irrégulièrement intermittente, et ses produits actuels sont peu importants. Il n'en est pas moins intéressant de constater qu'elle continue d'ajouter au travertin déjà formé et que celui-ci, par le fait même, n'a pas cessé de se développer.

Cependant, étant donnés la place qu'occupe la grotte à ossements et l'âge de ces derniers, on voit aisément qu'à l'époque paléolithique le rocher de l'Estavel était à très peu près ce qu'il est aujourd'hui. Or, si, d'une part, on tient compte de sa masse et du temps fort long qu'a dû exiger sa formation ; si, d'autre part, on considère que cette masse n'a pas été dérangée de sa position primitive, qu'elle n'a subi l'influence d'aucun phénomène de dislocation, on ne peut qu'en reporter les débuts à une époque indéterminée sans doute, mais très reculée et ayant pu, dans tous les cas, suivre immédiatement celle où remonte l'état orographique actuel de la région.

M. Foex décrit deux nouvelles maladies de la vigne.

Séance du 13 novembre 1893.

M. Massol dit : Sur les conseils de M. Friedel, j'ai appliqué à l'acide camphorique les méthodes que j'ai indiquées dans ma Thèse sur l'« Etude thermique des acides organiques ». Ces méthodes appliquées aux polyacides, aux acides alcools et aux acides isomères, m'ont fourni des résultats qui pourront dans certains cas servir à déterminer la formule de constitution de ces combinaisons.

L'acide camphorique est considéré comme un diacide depuis fort longtemps ; cependant M. Friedel, se basant sur ce que les 2 éthers éthyliques et les 2 chlorures de camphoryle ne sont pas identiques, et sur ce que l'anhydride camphorique se combine avec avec la phényle-hydrazine, a émis l'opinion que l'acide camphorique était un mono-acide-alcool-acétone.

Les chaleurs de formation à l'état solide des camphorates de soude sont :

Camphorate neutre de sodium..........	+ 31 cal.	94
Camphorate acide de sodium...........	+ 18 —	74
Transformation du sel acide en sel neutre.	+ 13 —	20

1° Il y a lieu de remarquer que la chaleur de formation du sel neutre est inférieure à celles que j'ai trouvées pour les diacides organiques à fonctions simples ;

2° Que la chaleur de formation du sel acide est sensiblement égale à celle des mono-acides gras ou aromatiques ;

3° Que la chaleur de combinaison avec la deuxième molécule de soude est notablement plus faible.

Ces résultats semblent confirmer l'opinion émise par Friedel.

Séance du 11 décembre 1893.

M. Foex entretient la section de phénomènes qu'il a observés ces dernières années dans divers vignobles des côtes du Rhône, notamment à Côte-Rôtie (Ampuis) et à l'Ermitage (Tain). Sur certains points bien connus des vignerons et qu'ils désignent sous le nom de *terrains punais*, les provins périssent peu de temps après avoir été effectués, et souvent avant même d'avoir émis des racines ; si on cherche à les remplacer par de nouveaux provins, les mêmes faits se reproduisent. Divers viticulteurs ont vainement cherché la cause de cette mortalité des provins dans la composition du sol des endroits où elle se produit, M. Foex a trouvé qu'elle coïncidait constamment avec la présence du *dematophora necatrix*, parasite des plus dangereux qui attaque un grand nombre de plantes et qui se développe dans les milieux saturés d'humidité.

On peut regarder comme impossible de débarrasser les plantes atteintes du *dematophora* parce que le mycélium de ce champignon pénètre les tissus subcorticaux et que les agents susceptibles de le détruire détruiraient d'abord ces derniers eux-mêmes. Mais une question intéressante se pose plus opportunément : comment désinfecter les terres qui sont envahies par le parasite ? La solution présente bien des difficultés ; en effet, quel que soit le soin avec lequel on puisse procéder à l'arrachage des vignes atteintes, il en reste toujours quelques débris plus ou moins pénétrés de mycélium dans l'intérieur du sol et le *dematophora* a la dangereuse faculté de passer à l'état de saprophyte lorsque sa vie parasitaire est terminée. On devra donc, dans les essais à tenter pour purifier le sol, avoir recours à un agent susceptible de pénétrer complètement le sol et d'y rendre impropre à l'existence du *dematophora* tous les fragments de vignes qui peuvent y demeurer.

M. Foex a songé, dans cet ordre d'idées, à essayer l'emploi du sulfure de carbone soit à l'état de vapeur, soit à l'état de dissolution et d'émulsion dans l'eau, cette dernière forme lui paraissant plus convenable pour pénétrer le milieu saturé d'eau constitué par le sous-sol des points *punais*. Le 6 avril, trois places envahies par le *dematophora* ont été délimitées dans une vigne située au bas du coteau de l'Ermitage, les ceps qui les occupaient ont été arrachés avec soin ; l'une des places réservée comme témoin n'a reçu aucun traitement, la seconde a reçu du sulfure de carbone pur à raison de 700 kilogr. à l'hectare, la troisième a été traitée avec la même dose de sulfure dissous ou émulsionné avec l'appareil Fafeur. Au bout de quinze jours, les trois lots ont été replantés avec des plants de Syrah greffés sur Riparia et quelques provins pris sur les pieds voisins. Un examen fait sur les lieux le 25 novembre dernier a permis de reconnaître le *peronospora* dans le lot témoin, et il a été impossible de le découvrir dans les deux autres.

Il n'est pas possible évidemment de tirer encore des conclusions définitives de cette première expérience, mais elle peut être regardée comme un encouragement à continuer des essais dans le même sens.

www.ingramcontent.com/pod-product-compliance
Lightning Source LLC
LaVergne TN
LVHW050240030726
842520LV00006B/2123